探索自然奥秘的大科学

"嫦娥"登陆月球

宝蛋社　著

春雨树美育／董翀翎／马婧妤／刘源书雯　绘

周炳红／蔡金曼／杨　璐／赵　阳　审校

中国科学技术大学出版社

图书在版编目（CIP）数据

"嫦娥"登陆月球／宝蛋社著. —合肥：中国科学技术大学出版社，2024.5
（探索自然奥秘的大科学）
"十四五"安徽省重点出版物规划项目
ISBN 978-7-312-05945-2

Ⅰ.嫦… Ⅱ.宝… Ⅲ.月球探索—中国—少儿读物 Ⅳ.V1-49

中国国家版本馆CIP数据核字（2024）第079088号

"嫦娥"登陆月球
"CHANG'E" DENGLU YUEQIU

出版	中国科学技术大学出版社
	安徽省合肥市金寨路96号，230026
	http://press.ustc.edu.cn
	http://zgkxjsdxcbs.tmall.com
印刷	鹤山雅图仕印刷有限公司
发行	中国科学技术大学出版社
开本	889 mm × 1194 mm　1/16
印张	2
字数	25千
版次	2024年5月第1版
印次	2024年5月第1次印刷
定价	48.00 元

奇奇科，8岁，小学二年级学生，爱读书，知识面广。最喜欢的书是《宝宝的量子物理学》和《100个看上去很傻其实一点都不傻的问题》。

妙妙学，5岁，幼儿园中班学生，好奇心重，喜欢画画和"吐槽"哥哥。

爸爸，40岁，理科博士，大学老师。爱好旅行和看书。假期会带着孩子们一起去参观博物馆，是奇奇科的"好哥们儿"，也是妙妙学的"百科全书"。

离我们最近的星球 月亮

妙妙学从幼儿园回来，一回家就找哥哥……

哥哥，今天我学了一首诗：床前明月光，疑是地上霜。

你知道这首诗叫什么名字，是谁写的吗？

当然知道！是李白写的《静夜思》！

答对！哥哥小时候也背过！有很多诗人喜欢写月亮。那你来猜猜看，为什么我们对月亮有这么深的感情呢？

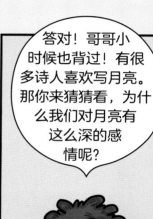

因为月亮每天晚上挂在天上，我们总是能看到它！

其实月亮是地球的卫星。它从古至今就一直陪伴着我们。

哥哥，月亮是从哪里来的呢？

月相图

阴历

初八
十二
初四
十五
初一
十八
二十六
二十二

太阳系
示意图

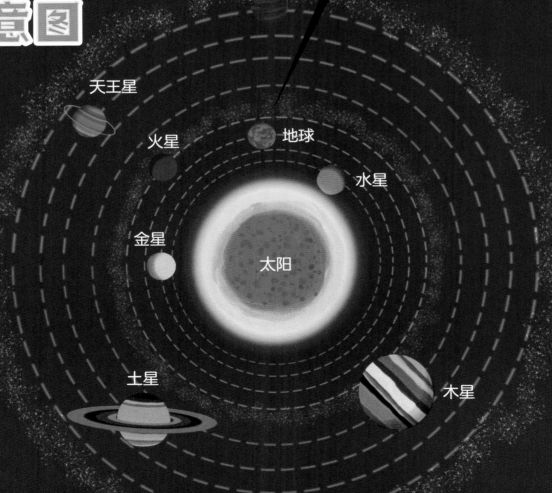
海王星
天王星
火星
地球
水星
金星
太阳
土星
木星

月亮是从哪里来的呢？

分裂说

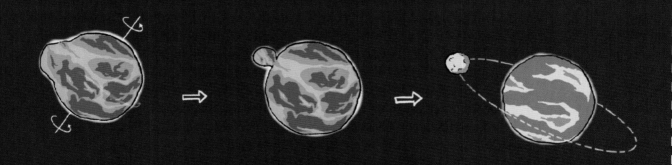

就好像地球是月球的母亲，月球是由地球分裂出一部分而形成的。

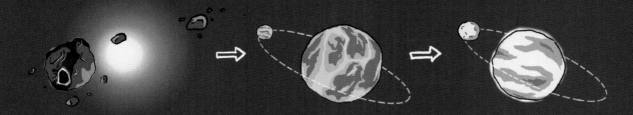

同源说

地球和月球是同时诞生的。因质量不同,月球开始围绕质量更大的地球旋转。

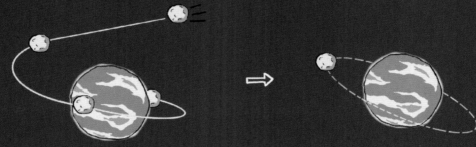

俘获说

因为地球引力,地球把经过它周围的小行星俘获为自己的卫星。

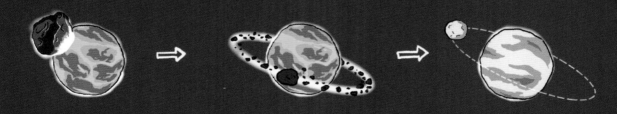

撞击说

地球遭遇了小行星的撞击,撞击产生的碎片因为地球的引力汇集在地球周围,逐渐聚合成了月球。这个假说也是目前被多数科学家接受的假说。

到月亮上生活

人类已经登陆过月球了，上面还是很荒凉的，没有发现生命迹象。

月球上会不会有外星人呀？会不会还有外星狗、外星猫咪呢？

酷！我们人类已经去过月球啦，我也想去月球上看看。

可是月球上没有书店和游乐场，没有冰淇淋，肯定没有地球上好玩啊，你为什么要去月球呢？

是啊！月球环境和地球环境有很大的差别。月球上没有我们人类生存必需的水和氧气，为什么哥哥还想去月球呢？为什么科学家叔叔阿姨们也想要去月球呢？

我想去月球建个宇宙第一的超级基地，里面有氧气制造机，有干净的水，还可以种菜，在池塘里养小鱼！

妙妙学，哥哥说的这些科学家们也在考虑哦。科学家们可是真的在认真设计月球基地哦。

哥哥你在做梦吧……

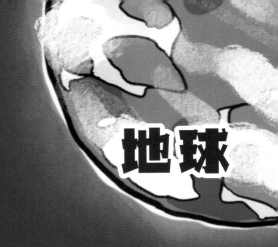

地球

月球基地
设想图

健身房

实验室

培育基地

生活区

人类为什么想要建月球基地？

因为月球上没有大气阻挡，所以太阳光更为强烈，在月球上建太阳能发电站是个不错的选择。

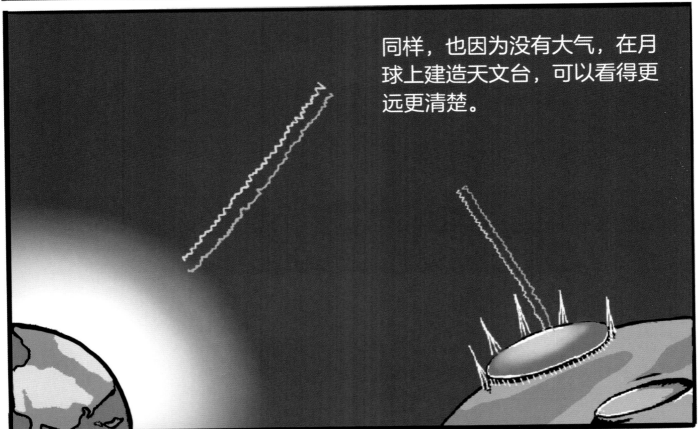

同样，也因为没有大气，在月球上建造天文台，可以看得更远更清楚。

卫星或探测器系统

我国研制的月球探测器又名嫦娥系列卫星。例如，嫦娥三号探测器主要由着陆器和巡视器组成。任务期间，它们主要承担月球表面形貌与地质构造调查、月球表面物质成分和可利用资源调查、地球等离子体层探测和月基光学天文观测等任务。

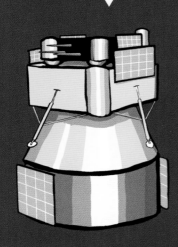

测控系统

主要负责火箭及卫星的轨道测量、图像及遥测监视、遥控操作、数据注入、飞行控制等。测控系统主要由北京飞行控制中心，喀什、佳木斯等地面测控站和远望号远洋航天测量船组成。

发射场系统

主要负责组织火箭的组装、测试以及发射，同时负责提供卫星的组装、测试和发射保障，火箭发射后的跟踪测量和控制。负责发射嫦娥三号的是西昌卫星发射中心。它是中国四大发射场之一。

运载火箭系统

主要负责把搭载的卫星送入预定的轨道。嫦娥三号发射使用长征三号乙改进型火箭。

地面应用系统

由数据接收、运行管理、数据预处理、数据管理、科学应用五个分系统组成。

中国探月的征程

2018年5月21日，我国发射首颗月球中继星"鹊桥"，6月14日进入使命轨道。同年12月8日，发射嫦娥四号探测器。2019年1月3日，嫦娥四号实现人类历史上首次月球背面软着陆。

2018

2010年10月1日18时59分，嫦娥二号顺利发射。嫦娥二号创造了我国航天领域多项"世界第一"：首次获得7米分辨率全月球立体影像；首次从月球轨道出发飞赴日地拉格朗日L2点进行科学探测；首次对图塔蒂斯小行星近距离交会探测，并获得10米分辨率的小行星图像。

2010

2004年，中国正式实施月球探测工程，并命名为"嫦娥工程"。嫦娥工程分为"无人月球探测""载人登月"和"建立月球基地"三个阶段。

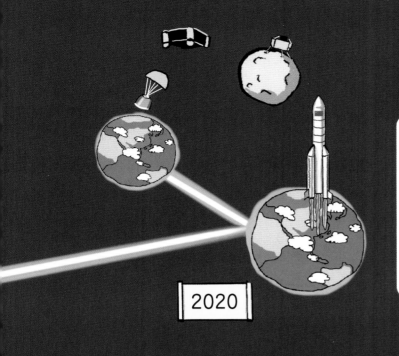

2020年11月24日4时30分，中国在海南文昌航天发射场，用长征五号遥五运载火箭成功发射嫦娥五号探测器，火箭飞行约2200秒后，顺利将探测器送入预定轨道，开启我国首次地外天体采样之旅。嫦娥五号成功实现月球表面样品的采集和返回，这是自1976年以来首次有国家在月球上采集样品并返回地球。

2020

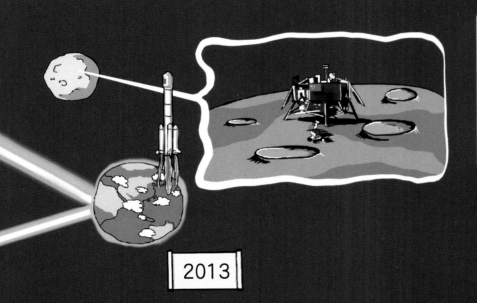

2013年12月2日，嫦娥三号由长征三号乙运载火箭发射升空。嫦娥三号由着陆器和巡视器（玉兔号月球车）组成，首次实现了中国地外天体软着陆和巡视探测。

2013

2007年10月24日18时05分，嫦娥一号成功发射升空，在圆满完成各项使命后，于2009年按预定计划受控撞月。

2007

无人月球探测的三大任务

登月竟然这么复杂？

为了实现登月，需要一整套的大科学工程。我们现在还处于第一阶段——无人月球探测，这个阶段也是分为三步完成的。

"嫦娥奔月"的故事

　　相传远古时期，后羿娶了美丽的妻子嫦娥，除了传艺和狩猎外，终日和妻子在一起。有一天，昆仑山上的西王母送给后羿一丸仙药，据说吃了此药便能成仙，后羿舍不得妻子，便把仙药交给嫦娥保管，不料被逢蒙看到了，他趁后羿外出狩猎时闯入内宅抢夺仙药，嫦娥抵挡不住逢蒙，就自己吃下了仙药。她飞出窗口，飞到了月亮上。陪着嫦娥的，还有一只可爱的小兔子。

嫦娥二号

鹊桥号中继星

一张图了解"嫦娥"大家族

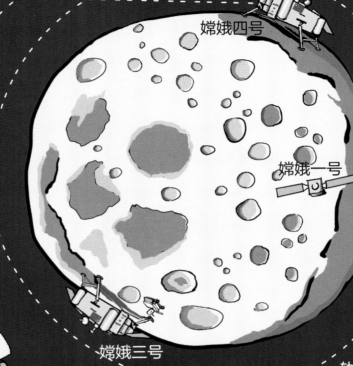

嫦娥四号

嫦娥一号

嫦娥三号

轨道

再入返回飞行
试验服务舱

再入返回飞行
试验返回舱

15

绕

嫦娥一号和嫦娥二号

在"嫦娥"登月的过程中，有一种力一直起着重要的作用，它就是"引力"。

引力是一种物体之间普遍存在着的力，妙妙学和奇奇科之间也存在这种引力，但是你们感觉不到，因为太小了。

我能感觉到！我每次放学都想找哥哥玩，一定是引力的作用！

哈哈，我所说的引力是物体之间的一种自然的力，跟我们的想法没有关系，要注意区分，我们的思想和看得见、摸得着的物体是不一样的。

是的。月球和地球之间也有引力，所以月球才能绕着地球旋转。"嫦娥"卫星飞离地球的时候，也一直受到地球的引力，所以需要科学家发明的火箭来提供推动力。当卫星飞到绕月轨道的时候，就被月球的引力拉着绕着月球旋转了——这就是绕！

我知道！万有引力是牛顿发现的。他在苹果树下面思考问题，被苹果砸到了，想到是一种看不见的力把苹果给拉了下来，这就是地球对苹果的引力。

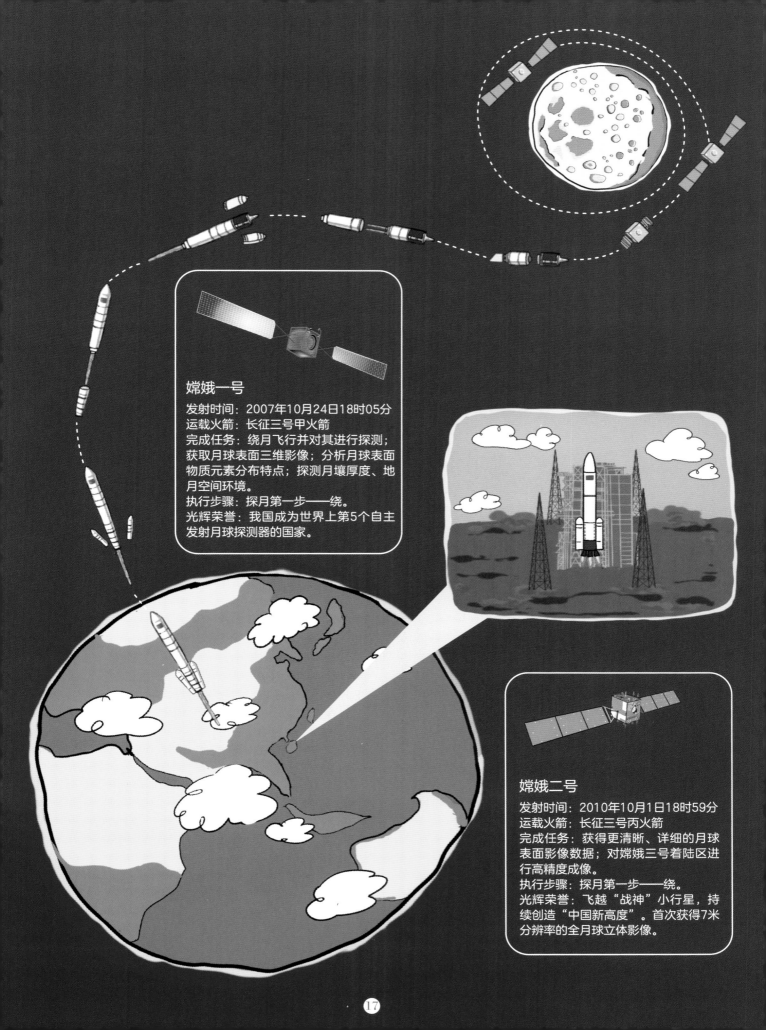

嫦娥一号

发射时间：2007年10月24日18时05分
运载火箭：长征三号甲火箭
完成任务：绕月飞行并对其进行探测；获取月球表面三维影像；分析月球表面物质元素分布特点；探测月壤厚度、地月空间环境。
执行步骤：探月第一步——绕。
光辉荣誉：我国成为世界上第5个自主发射月球探测器的国家。

嫦娥二号

发射时间：2010年10月1日18时59分
运载火箭：长征三号丙火箭
完成任务：获得更清晰、详细的月球表面影像数据；对嫦娥三号着陆区进行高精度成像。
执行步骤：探月第一步——绕。
光辉荣誉：飞越"战神"小行星，持续创造"中国新高度"。首次获得7米分辨率的全月球立体影像。

落
小兔子替我们上月球

在绕的过程中，我们的卫星对月球表面的情况探测得更加清楚了。于是，科学家们就开始启动第二项计划——让卫星安全着陆到月球上。

那我们人类可以搭乘卫星登陆月球吗？

还不到时候。人类登陆月球要保证安全。我们先让卫星安全着陆和安全返回，然后才能考虑载人登月。

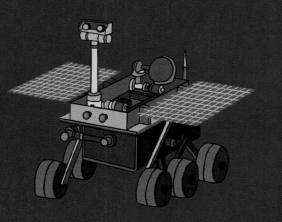

巡视器（玉兔号）

嫦娥三号+玉兔号月球车

发射时间：2013年12月2日1时30分
着陆时间：2013年12月14日
运载火箭：长征三号乙火箭
完成任务：实现月面软着陆；得到百分之百覆盖的全月图；着陆器和巡视器实现互拍。
执行步骤：探月第二步——落。
光辉荣誉：2013年12月15日，嫦娥三号着陆器和巡视器进行互拍，玉兔号月球车是我国第一辆月球车；我国成为世界上第3个实现月面软着陆和月面巡视探测的国家。

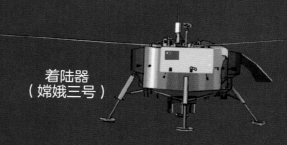

着陆器
（嫦娥三号）

为了实现人类登月，我们首先派出了我们的好朋友"玉兔号"，它代替我们人类先登陆，近距离地感受月球的美妙。

小兔子们真棒！

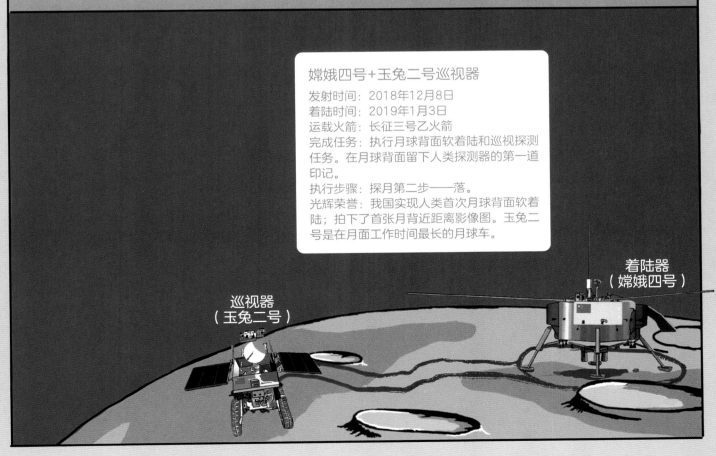

嫦娥四号+玉兔二号巡视器

发射时间：2018年12月8日
着陆时间：2019年1月3日
运载火箭：长征三号乙火箭
完成任务：执行月球背面软着陆和巡视探测任务。在月球背面留下人类探测器的第一道印记。
执行步骤：探月第二步——落。
光辉荣誉：我国实现人类首次月球背面软着陆；拍下了首张月背近距离影像图。玉兔二号是在月面工作时间最长的月球车。

巡视器
（玉兔二号）

着陆器
（嫦娥四号）

月球的正面和背面

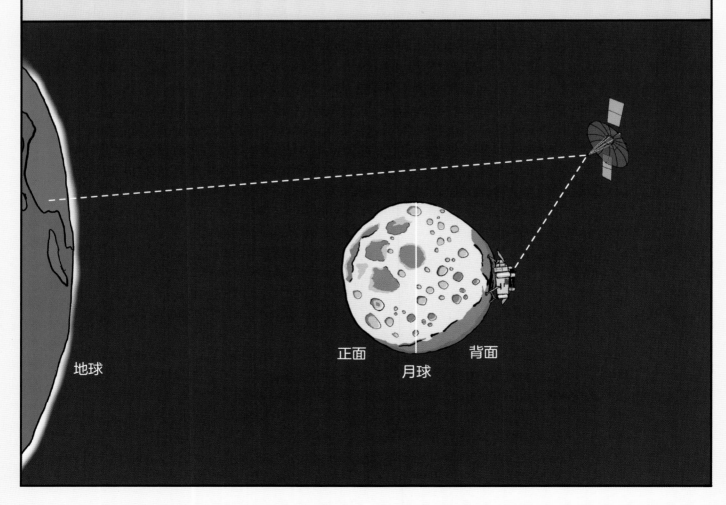

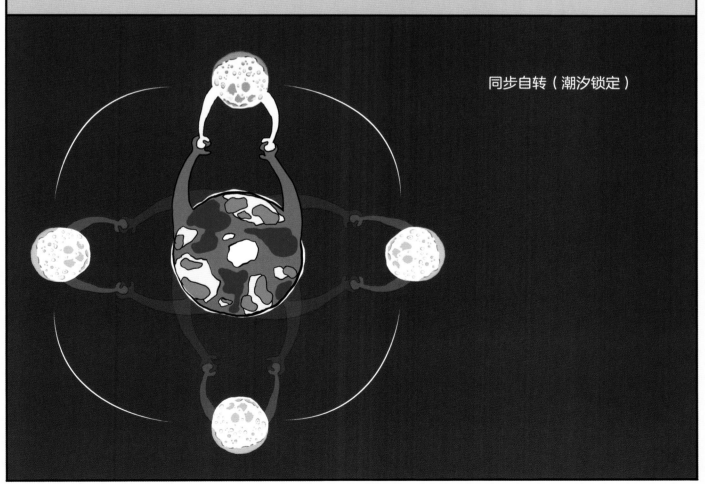

同步自转（潮汐锁定）

安全返回最重要

爸爸，什么时候我们才能去月球看看呢？

快了。我们计划2030年左右实现载人登月——嫦娥工程第二阶段的任务，其中最重要的是要把人给安全送过去、接回来，而嫦娥五号实现了重要的一步——返回地球。

爸爸，我知道！这就是第三步——回。

嫦娥五号的发射基地和着陆基地分别在哪里呢？

中国文昌航天发射场位于海南省文昌市龙楼镇，隶属于西昌卫星发射中心，是中国首个开放性滨海航天发射基地，也是世界上为数不多的低纬度发射场之一。

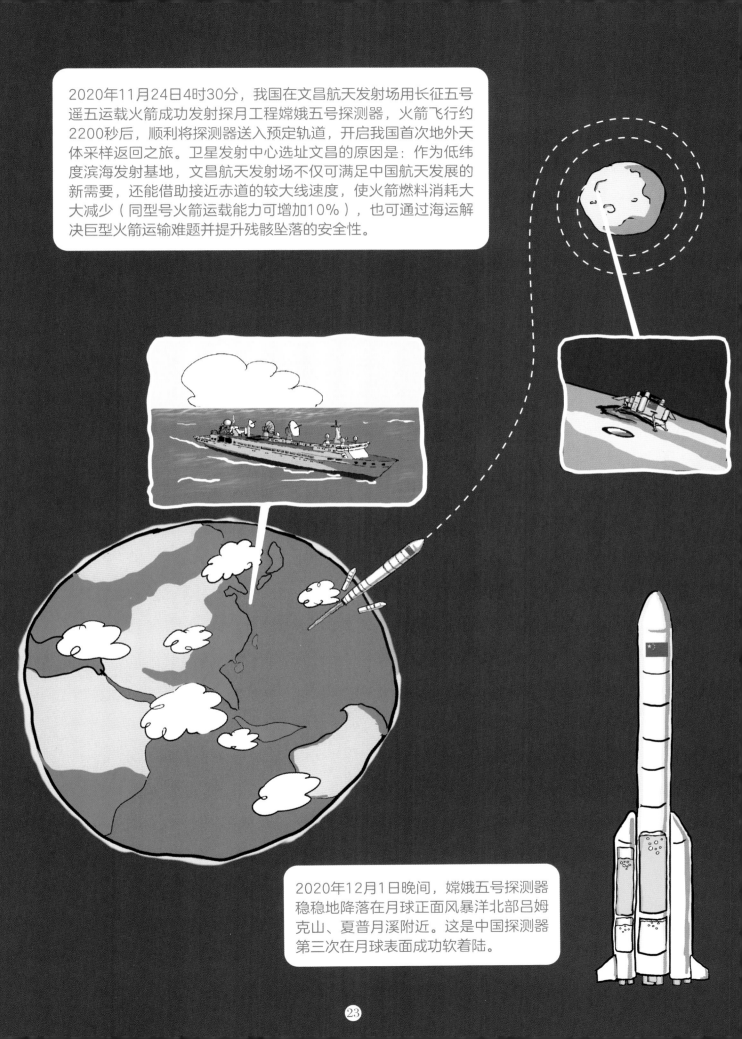

2020年11月24日4时30分，我国在文昌航天发射场用长征五号遥五运载火箭成功发射探月工程嫦娥五号探测器，火箭飞行约2200秒后，顺利将探测器送入预定轨道，开启我国首次地外天体采样返回之旅。卫星发射中心选址文昌的原因是：作为低纬度滨海发射基地，文昌航天发射场不仅可满足中国航天发展的新需要，还能借助接近赤道的较大线速度，使火箭燃料消耗大大减少（同型号火箭运载能力可增加10%），也可通过海运解决巨型火箭运输难题并提升残骸坠落的安全性。

2020年12月1日晚间，嫦娥五号探测器稳稳地降落在月球正面风暴洋北部吕姆克山、夏普月溪附近。这是中国探测器第三次在月球表面成功软着陆。

嫦娥五号怎样返回地球？

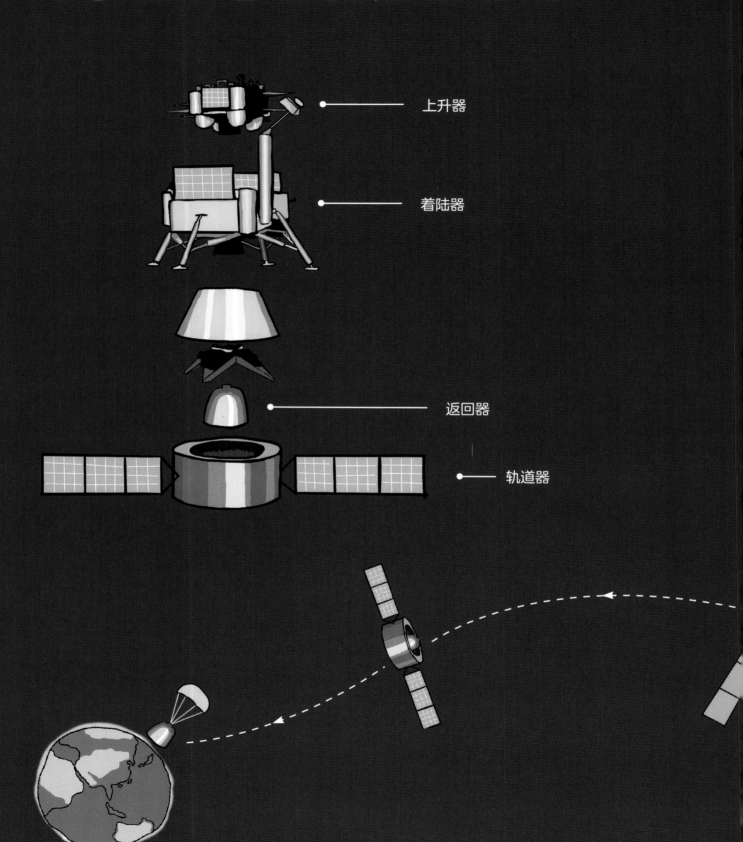

上升器

着陆器

返回器

轨道器

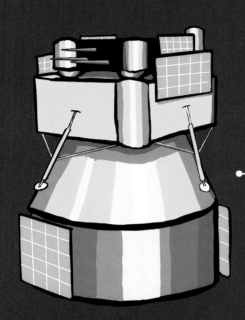

嫦娥五号探测器

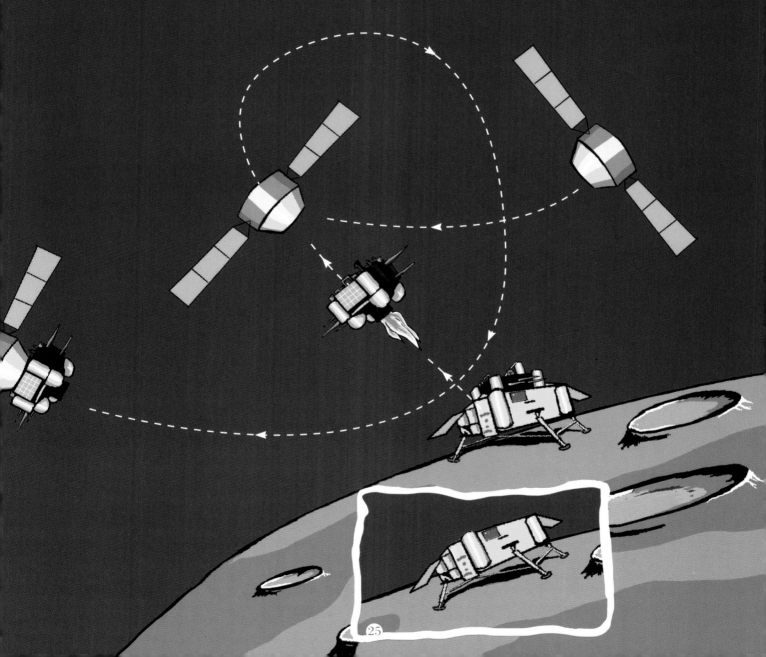

25

长征五号
中国运载火箭升级换代

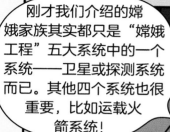

刚才我们介绍的嫦娥家族其实都只是"嫦娥工程"五大系统中的一个系统——卫星或探测系统而已。其他四个系统也很重要，比如运载火箭系统！

那是当然啦！没有运载火箭嫦娥卫星根本上不了天。

那你有没有注意到嫦娥五号的发射路线比嫦娥一号的发射路线要简单一些呢？

我知道！嫦娥一号在地球旁边绕了好几圈，而嫦娥五号直接就飞到月球那边去了。

妙妙学观察得很仔细！知道这是为什么吗？

不知道。爸爸快说！

这就是因为嫦娥五号用了更加先进的运载火箭——长征五号，它的推力可大了，可以直接把嫦娥五号送到月球轨道上去。而之前的运载火箭推力小一些，必须充分利用地球轨道的"反弹"效应巧妙地把卫星送出去。

是不是有点类似弹弓，先把弹子往后拉，然后再弹出去？

你这个比喻很妙！长征五号的成功发射，标志着中国运载火箭实现升级换代，是我国由航天大国迈向航天强国的关键一步，使中国运载火箭低轨和高轨的运载能力均跃升至世界第二。也有人亲切地把它叫作"胖五"。

它长得确实有点胖。很可爱！

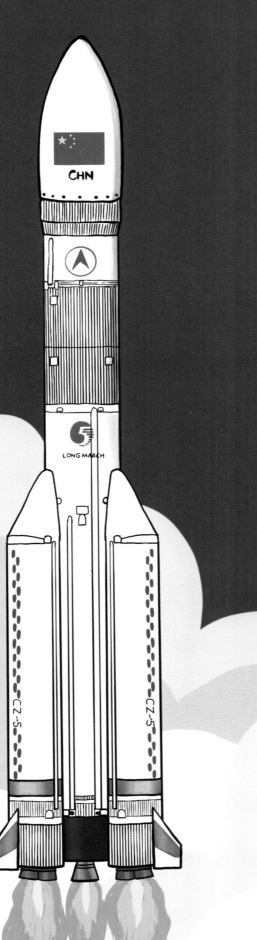

长征五号系列运载火箭六种构型

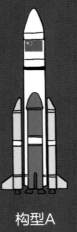

构型A

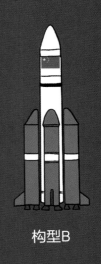

构型B

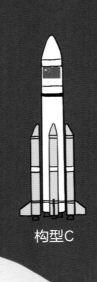

构型C

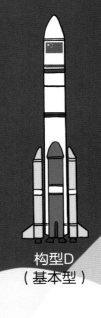

构型D
（基本型）

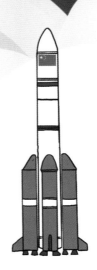

构型E

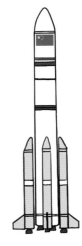

构型F

什么时候能实现载人登月？

爸爸，我们什么时候才能登上月球呢？

别急，到目前为止，我们基本完成了第一阶段无人月球探测的任务，整个阶段可以简称为"探"，后面我们国家就要分步实现"登"和"驻"的目标了。

什么是"登"和"驻"呢？

"登"就是载人登月，"驻"就是不仅登上去，我们的航天员还能在月球上停留一段时间，居住休憩。

我知道，就像我们的航天员聂海胜、刘伯明、汤洪波进入我们的空间站生活了3个月。

2030

没错！载人登月如果快的话，可能会在2030年左右实现。如果我们要在月球生活，就需要在月球上建设基地，就像我们在南极建设基地和在太空建设空间站一样，这些都需要很复杂的科学、技术和工程知识，而这些事情就需要你们小朋友未来去完成哦。

嗯！这些大科学计划真是太棒了！我也想当一名科学家，去建设月球！

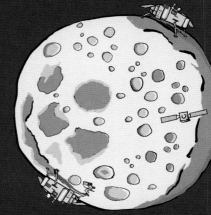

科学小测验

1. 登陆月球的"嫦娥"是谁?

2. 嫦娥工程分为几个阶段?

3. 无人探测月球有几大任务?

4. 嫦娥三号和嫦娥四号所携带的月球车分别叫什么?

5. 送"嫦娥"登月的搬运工叫什么?

6. 卫星离开地球需要克服什么力?

科学顾问大揭秘

周炳红,中国航天科普大使,空间科学传播专家工作室副主任,中国科学院国家空间科学中心研究员、博士生导师。研究方向为流体力学及飞行器设计。长期负责长征系列火箭推进剂晃动及其在空间微重力条件下的流动与传热研究,近年来开展了小天体科学、防御与利用研究。研究成果应用于长征二号上面级离轨、长征三号嫦娥工程中上面级长时间滑行、长征五号改进设计、长征七号优化设计、新型可重复使用运载火箭等型号或任务。担任《科技袁人》航天栏目科普专家,以及中央电视台《央视频直播》《科技解码》两个栏目科普讲解专家。科普视频播放观看人次超过3000万。

6. 万有引力或重力。

5. 长征系列运载火箭。

4. 玉兔号和玉兔二号。

3. 绕、落、回三大任务。

2. 绕、落、回三个阶段。

1. 是我们"嫦娥",系列探测卫星,借用了月球神话人物的名字。

答案: